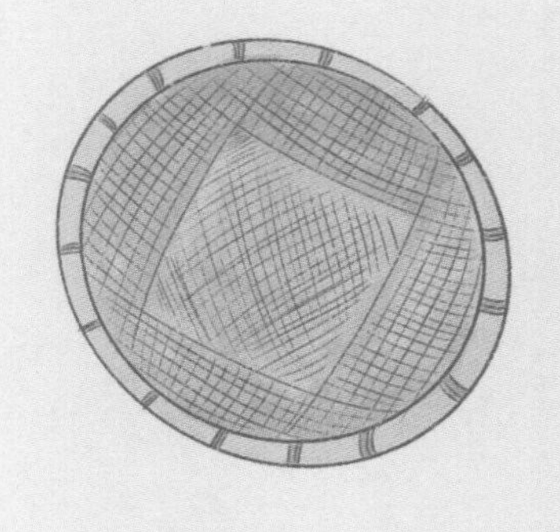

U0344382

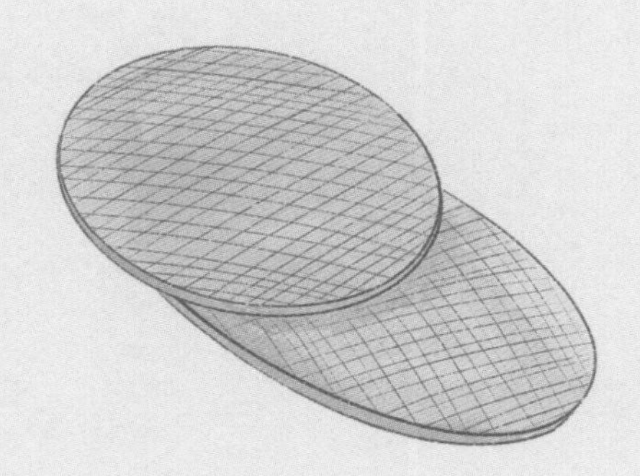

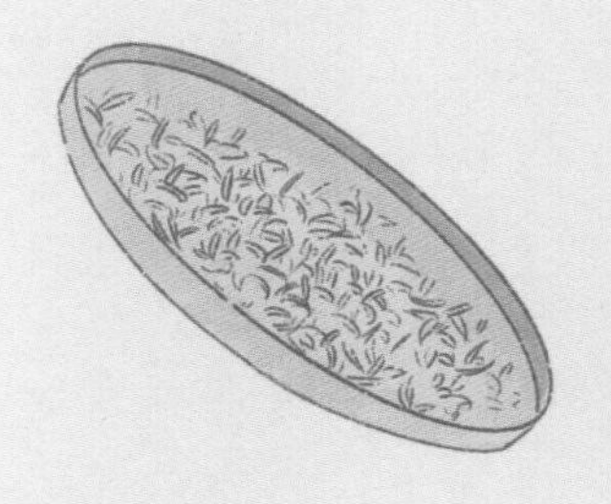

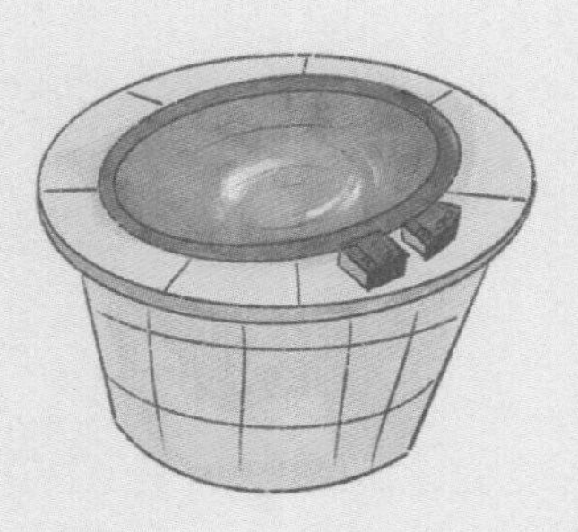

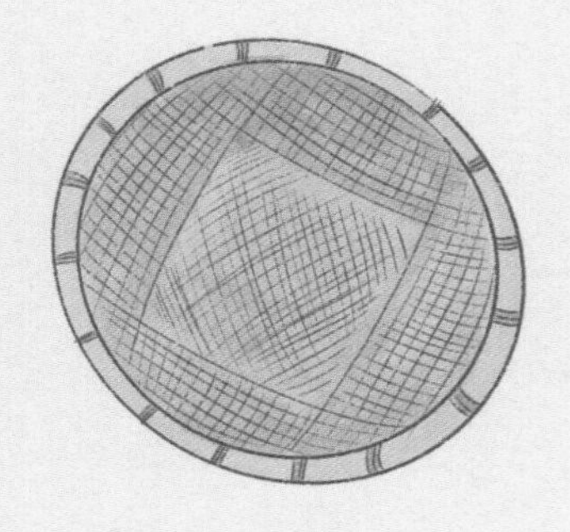

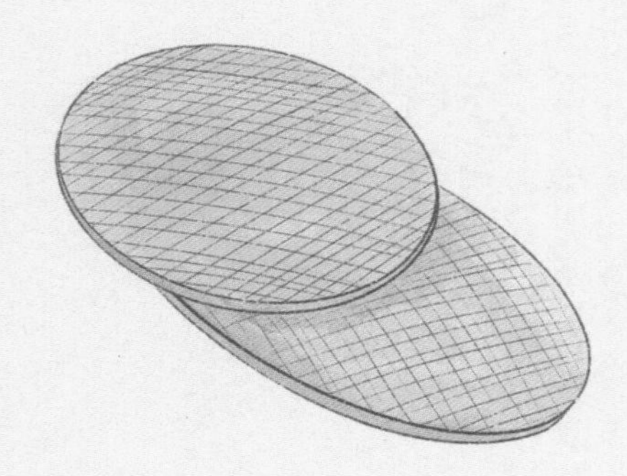

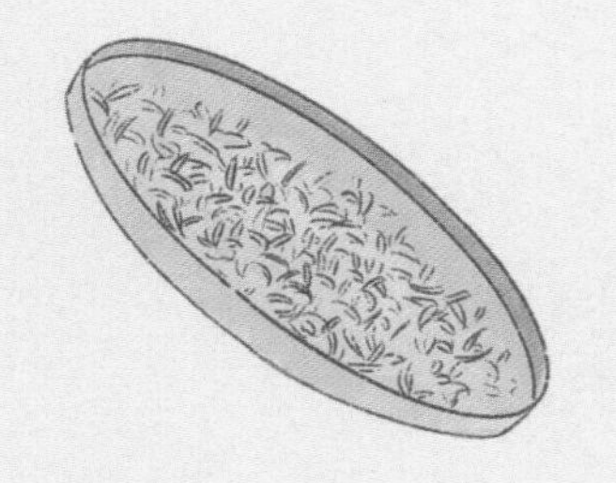

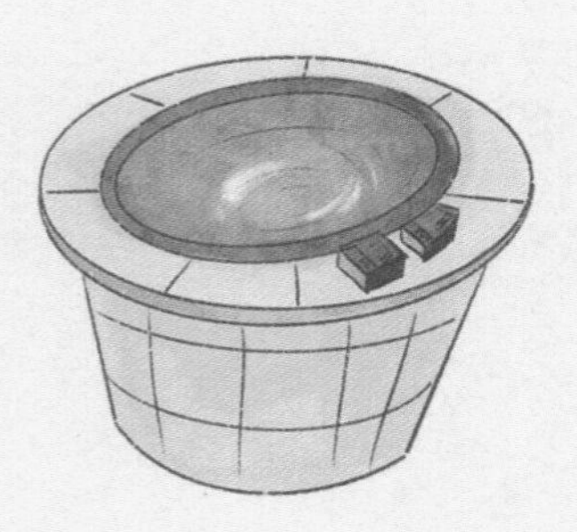

非遗里的中国茶

中国茶叶博物馆 编著

西湖龙井茶语

浙江教育出版社 · 杭州

编委会

目录

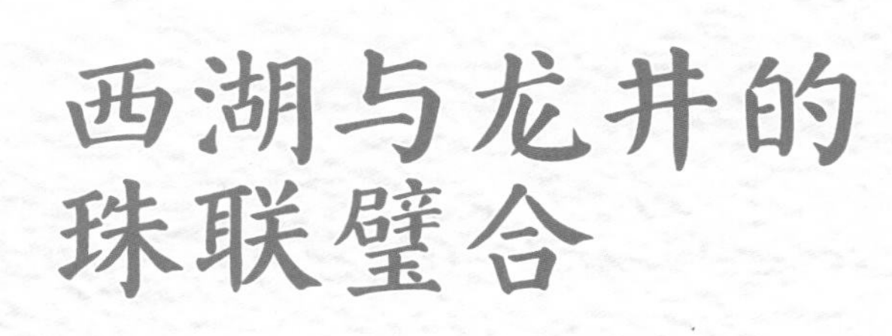

西湖与龙井的珠联璧合

湖山赋运的西湖龙井

在美丽的杭州，有一个特别的地方叫作西湖。那里有清澈的湖水、轻拂的柳条、层层叠叠的山峦，还有一种神奇的植物——龙井茶树。

每当春天来临，西湖就变得格外热闹。阳光洒在湖面上，泛起一片金色的波光，就像一层薄薄的纱幕。湖边那些连绵起伏的山峦，好像换上了嫩绿的新装，显得分外俏丽。

在这些绿树和流水之间，龙井茶树静静地生长着。它们吐出嫩绿的芽叶，就像小麻雀张开小嘴吐着的舌头，充满了生机和活力。每一片茶叶都仿佛在诉说着春天的故事，让人感受到大自然的神奇魅力。

西湖美景与龙井茶珠联璧合。西湖的青山秀水为龙井茶树提供了得天独厚的生长环境，而龙井茶的清香芬芳也为西湖增添了独特的韵味。当大家品尝西湖龙井茶时，仿佛可以感受到那清澈的湖水、翠绿的树木和温暖的阳光都融入了茶香之中，让人陶醉不已。茶因为胜景而出名，景又因为好茶而流传，茶与景相得益彰。

西湖和龙井茶，真是大自然赐予我们的一份最美好的礼物啊！

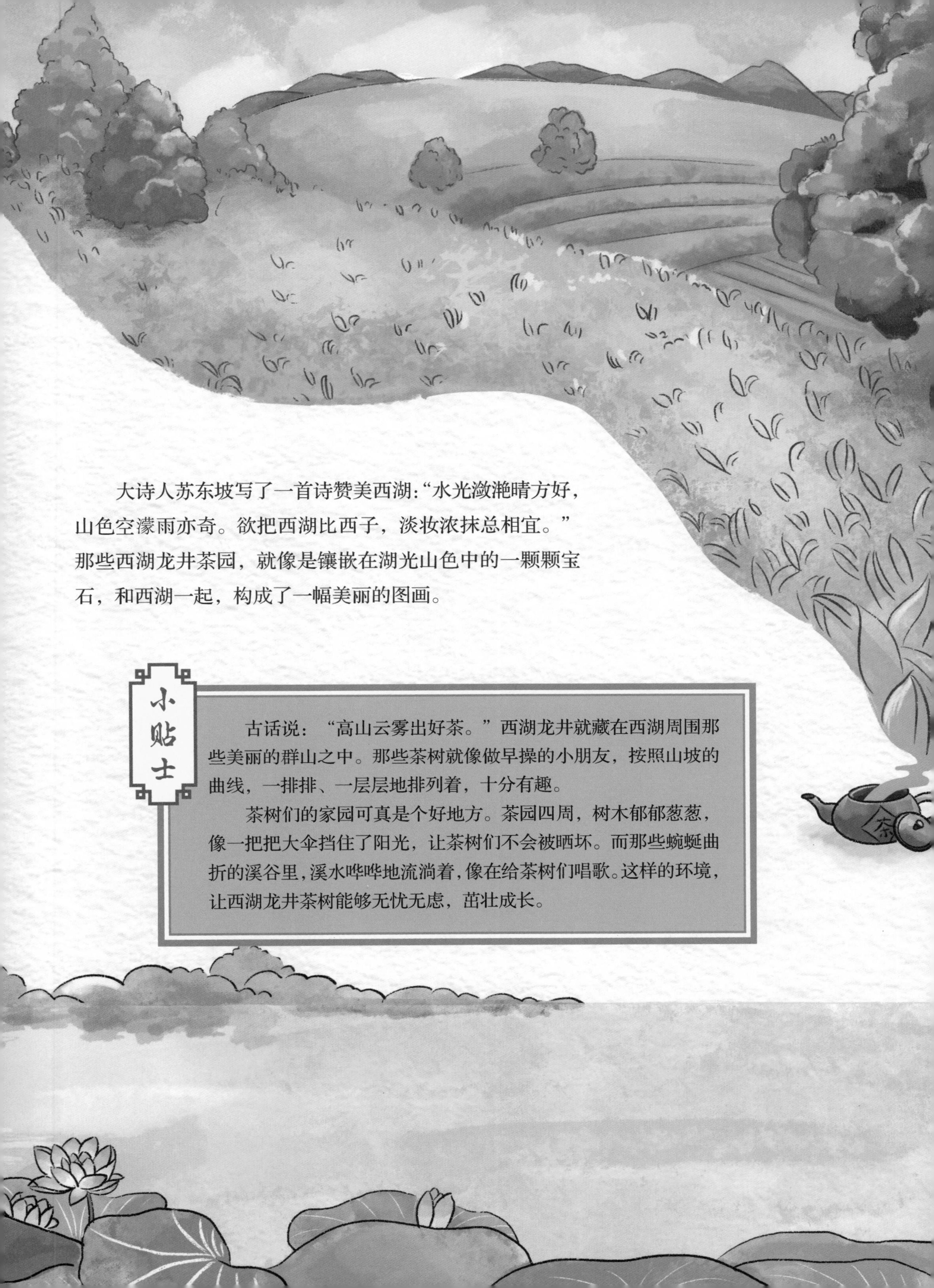

大诗人苏东坡写了一首诗赞美西湖：“水光潋滟晴方好，山色空濛雨亦奇。欲把西湖比西子，淡妆浓抹总相宜。”那些西湖龙井茶园，就像是镶嵌在湖光山色中的一颗颗宝石，和西湖一起，构成了一幅美丽的图画。

小贴士

古话说：“高山云雾出好茶。”西湖龙井就藏在西湖周围那些美丽的群山之中。那些茶树就像做早操的小朋友，按照山坡的曲线，一排排、一层层地排列着，十分有趣。

茶树们的家园可真是个好地方。茶园四周，树木郁郁葱葱，像一把把大伞挡住了阳光，让茶树们不会被晒坏。而那些蜿蜒曲折的溪谷里，溪水哗哗地流淌着，像在给茶树们唱歌。这样的环境，让西湖龙井茶树能够无忧无虑，茁壮成长。

为什么西湖龙井这么香醇可口呢？其实，这与它的产地有着密不可分的关系。

杭州位于亚热带季风气候区，这里的气候四季分明，阳光充足，雨水充沛，空气湿润。春季，杭州的平均气温大约是 16℃。西湖周边的土壤也很特别，大多是微酸性的白砂土和砂黄土，结构疏松，通气透水。土壤里富含磷、钙、镁等矿物元素，仿佛是大地母亲特地给茶树准备的营养大餐。山坡上的植被非常茂盛，枯枝落叶盖满了土地表层，使土壤更加肥沃。

西湖龙井茶区位于北纬 30° 附近，这一纬度被称为中国绿茶黄金产区。从地势上看，茶区北高南低，就像一个倾斜的舞台，让茶树可以尽情地展示自己的舞姿。东面是风景如画的西湖，湖水波光粼粼，给茶树带来了源源不断的水汽；南面，九溪直通钱塘江，江水滔滔，为茶园带来了无尽的活力；北面，天竺山和北高峰像两位守护神，挡住了冬季的寒流，让茶园四季如春。

在这样的气候条件下，茶园里总是温暖湿润，雾气缭绕，这些雾气，就像给茶树罩上了一层保护罩，让它们可以安心地生长。在这里，茶叶的氨基酸含量特别高，好像是一份特别的调料，让龙井茶的味道更加鲜美。

源远流长的西湖龙井

西湖种茶的历史，可以追溯到很远的年代呢！自唐代开始，西湖边就有种茶制茶的记载。到了宋代，西湖边留下了很多关于茶的诗词歌赋。

“龙井”既是茶叶的名字，也是地名，还是泉水和寺庙的名字。

在西湖的西面，龙井被连绵起伏的山脉环绕着，是西湖的名胜古迹之一。很久以前，龙井因为那里的泉水而出名。三国时期，人们叫它“龙泓”，到了宋代，被改称为“龙井”。龙井不仅有甘甜的泉水，还产出一种特别香醇的茶叶，那就是“龙井茶”。它从宋元时期初露头角，在明代声名鹊起，到了清代更是名声大噪。如今，龙井茶已经有近千年的历史了。

小贴士

宋代大诗人苏东坡游历龙井时，曾写诗赞美这里的美景：“人言山佳水亦佳，下有万古蛟龙潭。”从这句诗中，我们可以感受到龙井的山水之美以及那深厚的历史底蕴。元代初期的虞集也写过诗赞美龙井：“徘徊龙井上，云气起晴昼。”这些诗句告诉我们，龙井和龙井茶都有着悠久的历史。

唐代有一个名叫陆羽的人，被人们称为“茶圣”。他撰写了世界上第一部关于茶的书——《茶经》。在《茶经》中，他告诉人们：早在唐朝，就有钱塘茶生于天竺、灵隐二寺周围了。

唐代大诗人白居易曾在杭州当刺史。他和西湖边韬光寺的韬光禅师是好朋友，他们常常聚在一起煮茶、吟诗、论道。茶香袅袅，诗意浓浓，两人的友谊也变得更加深厚，就此结下了一段美好的茶缘。

如今，韬光寺里还有一口“烹茗井”，据说就是当年白居易和韬光禅师一起煮茶的地方。每次看到那口井，就好像能闻到当年的茶香，感受到白居易和韬光禅师之间的深厚情谊。

到了宋代，西湖边的茶区变得越来越大，一直延伸到了北山一带。那时候，部分产茶地的茶叶们都有了自己的名字，特别有趣呢！

钱塘宝云庵

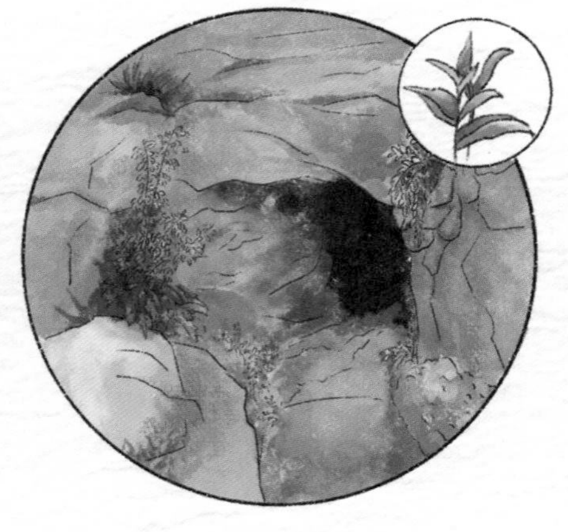

下天竺香林洞

上天竺白云峰

南宋时期的古籍里写着：“岁贡，见旧志载，钱塘宝云庵产者名宝云茶，下天竺香林洞产者名香林茶，上天竺白云峰产者名白云茶。”这是说，葛岭宝云山那里出的茶叶，叫“宝云茶”；下天竺香林洞出的茶叶，叫“香林茶”；还有上天竺白云峰出的茶叶，被称为“白云茶”。这些茶叶的名字，都是根据它们的生长地取的，好记又好听。

宝严院

不仅如此，还有一些茶叶是以寺院的名字来命名的，比如宝严院的“垂云茶”。由此看出，西湖周边茶叶的栽种、炒制与饮用和佛教僧人们有着千丝万缕的联系。

在宋朝，西湖茶还有一个特别的名字，叫作“草茶”。慈云法师还写诗道：“天竺出草茶，因号香林茶。”这说明，宋代西湖边产的茶已经很有名气了，连慈云法师都忍不住为它写诗赞美呢！

西湖龙井茶的“茶祖”——辩才大师

在宋代，有许多文人墨客和茶都有着千丝万缕的联系。他们喜欢在西湖边一边品味香浓的茶，一边吟诗作画，畅谈古今。那些美好的时光，就像一颗颗璀璨的明珠，镶嵌在历史的长河中，闪烁着耀眼的光芒。

辩才大师是一位非常了不起的人物，他在上天竺做了近二十年的住持。那时候，寺里的僧人们在上天竺一带种植茶叶，精心制作，这里所产的茶叶就是“白云茶”。

辩才大师晚年时，来到了狮子峰山下的寿圣院作为隐居之地，直至去世。在寿圣院里，辩才大师带领着他的僧人和弟子们，辛勤地开山种茶。他们将茶树从上天竺一带移栽过来，种在狮子峰山下。那片茶园，后来被人们认为是西湖龙井茶的发源地之一，而辩才大师也因此被大家尊称为西湖龙井茶的“茶祖”。

小贴士

寿圣院在吴越国时期就已经建立，当时叫“报国看经院”。北宋时，该寺更名为“寿圣院”。到了南宋，该寺又更名为“广福院”。广福院的牌匾至今仍然屹立在胡公庙中，无声地讲述着这段往事。

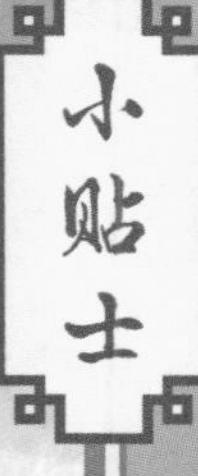

小贴士

辩才大师的德行和才华在当时广受赞誉，因此有很多名人都与他交往密切，如苏东坡、赵抃、秦观、杨杰等。他们经常一起游览寺院，品茗论道，留下了许多珍贵的诗篇。

辩才与赵抃的诗句中写道：“湖山深处梵王家，半纪重来两鬓华。珍重老师迎意厚，龙泓亭上点龙茶。”诗中的“龙茶”，就是我们现在所说的西湖龙井茶。此外，还有辩才的《龙井题咏》、秦观的《龙井游记》等诗作，都让“龙井”这个名字开始为世人所熟知。

宋代，西湖的龙井茶山上发生了一件大事。

有一年，龙井四周的茶山突然遭受了可怕的虫害。那些“拱拱虫”像一群饥饿的小怪兽，专吃茶树的嫩叶。大片的茶园被它们吃得只剩下枯干的梗叶。茶农们看着心爱的茶园被摧毁，心里别提多难受了。

那时候，胡则是杭州的太守，他就像一个大家长一样，关心着这里的一草一木。他听到龙井茶受虫灾的消息后，立刻亲自前往茶山察看灾情。他看到茶农们愁眉苦脸，安慰说：“大家别担心，我们一起想办法，一定能战胜这些害虫的。”

他想出了一个好办法，让茶农们把石灰粉撒在茶树根上，再用石灰水洒在茶蓬上。没过多久，虫害就消失了，茶树重新焕发出了生机，长得绿油油的，非常茂盛。

茶农们非常感激胡则。为了纪念他，大伙儿筹集资金，在狮峰山麓建造了一座胡公庙。每年茶农们都会来到庙里，向他祈求来年茶叶能够大丰收。

在元代，大诗人虞集和他的好朋友邓文原等几个人一起在龙井游玩。

龙井风景秀美，清澈的泉水从山间涌出，周围是郁郁葱葱的茶树，空气中弥漫着淡淡的茶香。虞集一行人坐下来，用龙井的泉水烹煎了雨前新茶。

虞集一边品茶，一边欣赏着眼前的美景，忍不住写下了一首诗："烹煎黄金芽，不取谷雨后；同来二三子，三咽不忍漱。"意思是说，他们烹煎的是珍贵的雨前新茶，而不是谷雨之后的茶叶，他和朋友们一起品茶，每喝一口都觉得太美味了，以至于喝过几杯后都舍不得漱口。

后来这首诗被人们传唱开来，成为最早明确记述品饮龙井茶的文字记载。每当人们读到这首诗，都会想起古代诗人在龙井游玩品茶的情景，仿佛自己也置身于那个美丽而充满诗意的时刻。

明代的开国皇帝朱元璋做了一件关于茶的大事。他颁布诏令，让全国上下的茶叶都从团饼茶的形状变成了散茶形态。这样一来，大家喝茶的方式也变得方便了许多。

这种采摘、制作和饮用方式的变化，对西湖龙井来说，真是个大好的机会。因为它终于可以展示出自身独特的魅力，让更多人品尝到它的原汁原味了。

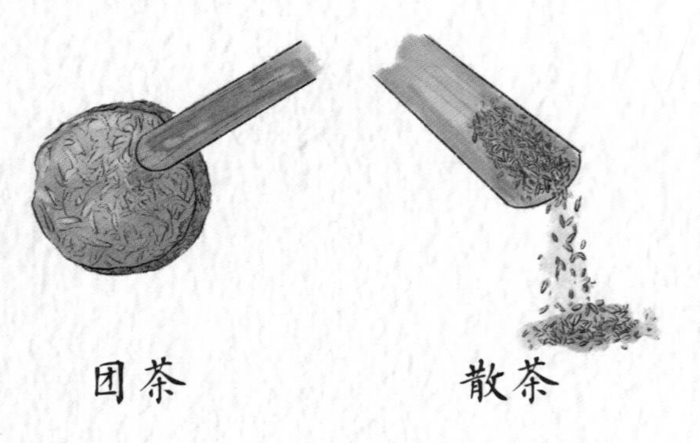

团茶　　　　散茶

就在这个时期，龙井茶这个名字第一次在明代的文献中出现了。那时候，有个叫屠隆的进士，他在《考槃余事》这本书里写到："龙井，不过十数亩。外此有茶，似皆不及，大抵天开龙泓美泉，山灵特生佳茗，以副之耳。"意思是说，龙井茶虽然只有十几亩地，但其他地方产的茶都比不上它。他还说，龙井这个地方有美丽的泉水，于是专门生长出好茶来配这泉水。就这样，龙井茶的名字传开了，一直流传到现在。

明代很多文人墨客都喜欢写诗赞美龙井茶。屠隆就写过很多，最有名的是《龙井茶歌》。在这首诗里，他描述了龙井泉水终年流淌的美景，还有龙井山上像“仙芽”一样的嫩茶叶。他说，龙井茶园的茶香比檀香还要好闻，香气一直飘到了天上。这首诗后来刻成了石碑，现在人们还可以在龙井茶室旁边看到它。

明代的高濂对龙井茶也情有独钟。他说：“西湖之泉，以虎跑为最。两山之茶，以龙井为佳。谷雨前，采茶旋焙，时激虎跑泉烹享，香清味洌，凉沁诗脾。每春当高卧山中，沉酣新茗一月。”他认为西湖的虎跑泉是最好的泉水，而龙井茶则是南山与北山之间最好的茶。龙井茶香气清新，味道醇厚，让他感觉像是在诗中沉醉。他希望每年春天都能在山中住上一阵，沉醉于这新茶的香气中。

到了清代，西湖龙井茶名声大噪。书画家陈撰在《玉几山房听雨录》中写道：“龙井名龙井茶。南山为妙，北山稍次。龙井色香青郁，无上品矣。”陈撰说，龙井一带所产的茶叶统称为龙井茶，南山的茶叶最好，北山的稍微差一点。但是，龙井茶的颜色翠绿，香气馥郁，是所有茶里面最棒的。

十八棵御茶

真正使西湖龙井誉满天下的是乾隆皇帝。他非常喜欢游玩，尤其是江南，一共去了六次，其中有四次专门去了龙井茶区，先后巡幸了西湖天竺、云栖和龙井，发生了很多有趣的事。

有一次，乾隆皇帝换上普通老百姓的衣服，悄悄地来到了龙井村狮峰山下的胡公庙。庙里的老和尚很热情地招待他，给他泡了一杯特别的茶——狮峰龙井。乾隆皇帝一喝，清香扑鼻，味道甘甜。他从来没有喝过这么好喝的茶，心里非常高兴，想亲自去采一些回来。于是，他走进茶园，小心翼翼地摘下茶叶，夹在他的书里带回京城。从杭州到京城的路很远，要走很久。等他回到京城，书里的茶叶都被夹扁了。

不过，这并不影响茶叶的好味道。乾隆皇帝把扁扁的茶叶泡给太后喝，太后一喝，连声称赞。皇帝非常高兴，马上下令把胡公庙前他采过的那几棵茶树封为“御茶”，以后每年“御茶”所产的茶叶都要送到京城。这就是“十八棵御茶”的来历。

乾隆皇帝四上龙井

乾隆十六年（1751 年），乾隆皇帝第一次到杭州时，去了西湖边的天竺山，亲眼看到茶农们忙碌的身影。一片片嫩叶被采摘下来，经过精心炒制，变成了香醇可口的龙井茶。他觉得这个过程非常神奇，于是写了《观采茶作歌》：“火前嫩，火后老，惟有骑火品最好。”该诗的大意是，茶叶要在恰当的时间采摘，这样的茶才会最好喝。他还说：“西湖龙井旧擅名，适来试一观其道。”大意是，西湖的龙井茶一直都很有名，他这次来看看它的采摘和炒制过程。

乾隆二十二年（1757 年），乾隆皇帝第二次到杭州时，去了云栖胜景，看到人们在山上采茶，又写了一首《观采茶作歌》。该诗的大意是，他以前不喜欢看人们为了官员的观赏而采茶。但是这次看到的采茶，真实展现了百姓为生计而辛勤劳作，很自然，没有表演成分，他很喜欢。

乾隆二十七年（1762 年）三月，乾隆皇帝第三次来到杭州。他特意去龙井品尝了那里的茶,觉得特别好喝，就又写了《坐龙井上烹茶偶成》：“龙井新茶龙井泉，一家风味称烹煎。”该诗的大意是，用龙井的泉水泡龙井的新茶，味道一绝。

到了乾隆三十年，也就是 1765 年，乾隆皇帝第四次来到杭州，又去了龙井，写了《再游龙井作》：“清跸重听龙井泉，明将归辔启华旃。”该诗的大意是，他再次听到龙井泉的声音，感觉非常开心。他觉得每次来龙井，都有新的发现，景色总是那么美丽。

乾隆皇帝与龙井茶的故事，就这样传了下来。他用自己的诗歌，让更多的人知道了龙井茶的美味，也让更多的人喜欢上了龙井茶。

龙井茶在清代获得了皇家宫廷前所未有的垂青，它的名声也越来越响亮。

诗人袁枚曾写道：“杭州山茶，处处皆清，不过以龙井为最耳。每还乡上冢，见管坟人家送一杯茶，水清茶绿，富贵人所不能吃者也。”他赞叹杭州到处都是好茶，但龙井茶最好。每次回家祭祖，管坟的人送上一杯龙井，茶汤清澈、茶叶翠绿，真是富贵人家也喝不到的好茶。

诗人沈初在《龙井新茶》中写道：“龙井新茶，向以谷雨前贵。今则于清明节前采者入贡，为头纲。颁赐时，人得少许，细仅如芒，瀹之微有香，而未能辨其味也。”谷雨前的龙井新茶非常珍贵，而清明前采摘的龙井茶则是进贡给皇帝的最好茶叶，皇帝分赐给大臣时，每人只能得到一点点。这些茶叶很精细，泡出来会有微微的香气，尝起来滋味特别。后世的人们都觉得沈初把龙井茶的珍贵和美味都写出来了。

清代，西湖龙井收获了数不胜数的赞誉，说明当时它已经独占鳌头了。

到了民国时期，西湖龙井的产区范围变得更大了，扩展到了南山、北山和中路三个产区。龙井茶的产量也大大增加了。1931 年共收获了七百三十余担茶叶，在产量特别高的年份更是能收获八九百担呢！这说明更多的人能够品尝到这种美味的茶叶了。

中华人民共和国成立后，我国非常重视西湖龙井的发展。为了提升茶叶的产量和品质，让更多的人喝到好茶，科研人员努力研究，选育出了很多新的龙井茶优良品种，推广了先进的栽培和采制技术，建立了西湖龙井茶的分级质量标准，龙井茶的质量变得更好了，产量也更多了，大家还能更清楚地了解茶叶的品质。

可以说，西湖龙井一千多年的历史，就是和西湖山水一起变迁的历史。它们相互守护、相互滋养，共同经历了那么多风风雨雨，但始终保持着那份清新和美丽。

西湖龙井的钟灵毓秀

西湖龙井的产地划分

西湖龙井的故乡

西湖龙井的种植范围很大，主要包括西湖风景名胜区和西湖区，东边从虎跑、茅家埠开始，一直延伸到西边的杨府庙、龙门坎、何家村。南边从社井、浮山开始，一直往北到老东岳、金鱼井，这些地方都是西湖龙井的故乡。

杭州市人民政府特别关心西湖龙井茶基地，所以划分了两个保护区，就是一级保护区和二级保护区。

一级保护区是西湖龙井的发源地，它主要位于西湖风景名胜区内，这里东至南山村，西至灵隐、梅家坞，南至梵村，北至新玉泉。在这个保护区里，龙井、翁家山、满觉陇、杨梅岭、梅家坞、双峰、茅家埠、九溪、梵村、灵隐等地都是西湖龙井茶的家园。这些地方加在一起，大约有453公顷那么大呢！

二级保护区是西湖龙井的主产区，主要包括西湖区的龙坞、转塘、留下、周浦等地。龙坞和转塘的茶园，一眼望去，就像是绿色的海洋，茶树连绵起伏，好像与天连在了一起，呈现出清新自然的茶村风光。而留下这个地方，人杰地灵，茶叶也特别好喝。在周浦，人们种茶的历史已经超过一千年了，这里很多乡村都盛产茶叶。

西湖龙井茶，就像杭州的一张名片。每当人们提起它，都会想到那连绵起伏的茶园，想到那清香扑鼻的茶叶，想到那悠久的历史和文化。

西湖龙井五大字号的由来

现在我们说的西湖龙井，一共有“狮”“龙”“云”“虎”“梅”这五个字号。那么，五个字号到底指的是什么？

“狮”字号

“狮”字号西湖龙井的主产区在狮子峰一带，包括周围的龙井村、棋盘山和上天竺。特别是狮子峰上的茶叶，被公认为是最好的西湖龙井，你知道为什么吗？

因为狮子峰上树木多、云雾缭绕，茶树每天都沐浴在温暖的阳光下，近地面空气中水汽充沛。土壤以乌沙土或白沙土为主，非常透气，里面含有很多磷、钾、硅等矿物元素，非常适合茶树生长。所以，“狮”字号西湖龙井，绿中透黄，显嫩黄绿色，被称为“糙米色”，冲泡之后香气清新持久，被誉为“狮峰极品”。

“龙”字号

“龙”字号西湖龙井主要产自翁家山、杨梅岭、满觉陇、白鹤峰等地。这里出产的茶叶，质量也特别棒！当地人特别喜欢它，还给它起了一个好听的名字，叫作“石屋四山”龙井。

“云”字号

“云”字号西湖龙井主产来自云栖、五云山、琅珰岭西这些地方。“云”字号和“梅”字号，它们以前是一家人，只是后来才分开的。所以它们的味道很接近，都很好喝。

“虎”字号

再来说说“虎”字号西湖龙井，它的家在虎跑、四眼井、赤山埠、三台山这些地方。虽然这里的茶园坡度低了一点，但是长出来的茶芽特别肥壮，一看就知道是好茶叶呢！

“梅”字号

“梅”字号西湖龙井主要分布在梅家坞一带。梅家坞是西湖龙井的主要产地之一，产量大约占全部西湖龙井的十分之一呢！这里茶农的采摘和炒制技术特别讲究，炒制的西湖龙井茶叶形状扁平、挺直，光滑秀丽，就像一片片小小的翡翠碗钉。喝上一口“梅”字号西湖龙井，味道鲜醇爽口，让人欲罢不能！

下次你喝西湖龙井的时候，就可以根据它的字号，想象它的产区，有着怎样的风味和特点了。这就是西湖龙井茶产地字号的秘密，是不是很有趣呢？

西湖龙井的主要品种

在美丽的茶山里，有三个特别的小伙伴：群体种、龙井 43 和龙井长叶，它们是西湖龙井特有的品种。每个茶树品种都有它最适合做成的茶，科学家们经过一系列的研究后发现，由这三个品种制成的西湖龙井特别好喝，远远优于其他品种制成的龙井茶。

“老祖宗”群体种

群体种就像是西湖茶山里的“老祖宗”，它是土生土长的西湖龙井品种，老家就在狮峰山。用它能炒制出最传统、最原汁原味的龙井茶。群体种还被认为是西湖龙井的“当家品种”，闪烁着古老而深邃的光芒。

与其他小伙伴相比，虽然群体种开始采摘的时间稍微晚一些，大约在清明节前后，但炒制出来的茶叶，喝上一口，清新的茶香就久久弥漫在嘴巴里，让人赞不绝口。

“活力少年”龙井 43

龙井 43 就像是茶山里的一位少年。它生机勃勃，充满活力。它其实是科学家们在龙井群体种茶园内精心选育出来的新品种。这个“少年”发芽特别早，比群体种“老祖宗”要早 7~10 天呢！每年一般到了 3 月中下旬它就开始萌发春芽。它的产量很高，比群体种多 20%~30%。正因为它出芽早、产量高，所以特别受茶农们欢迎。

不过，“活力少年”也有自己的小缺点，就是抗旱性和抗寒性略差一些，最怕“倒春寒”，严重时甚至会导致春茶“全军覆灭”。所以，每到早春时节，茶农们都特别小心地照顾它，生怕它受冻。它的茶香比群体种要稍逊一筹，但也有着独特的清新和甘甜，让人回味无穷。

“温柔小姐姐”龙井长叶

龙井长叶是茶山里的一股清流。它也是从“老祖宗”龙井群体种中选育出来的。它的叶片柔软细腻，芽头饱满鲜嫩。它发芽较早，发芽密度高，很耐寒，不容易受伤，产量也比较高。不过，与龙井 43 相比，它在产量和品质上的优势不是特别明显，所以栽培面积不是很大。但它口感柔和、回甘持久，让人喝了之后神清气爽。

西湖龙井的品质特征

“绿茶皇后”西湖龙井

西湖龙井以“色绿、香郁、味甘、形美”四绝享誉中外，被誉为“绿茶皇后”。

高级的西湖龙井，采摘时只选一芽一叶，它的形状特别像一个小碗钉，扁平光滑，尖尖的小芽比叶子还长一些，颜色是嫩绿色的，上面没有茸毛。这么好看的西湖龙井泡在开水中，茶汤就变成了嫩绿色或者嫩黄色，汤色明亮，一股嫩栗香或豆花香扑鼻而来，真的好香啊！喝上一口，有的清爽，有的浓醇，让人回味无穷。再看看茶杯里的茶叶，还是嫩绿色的，形状完好，真是漂亮极了。

清代有本书叫《湖壖杂记》，里面写着对龙井茶的赞美之意。它说龙井“其地产茶，作豆花香”。又说龙井茶“啜之淡然，似乎无味，饮过后，觉有一种太和之气，弥瀹乎齿颊之间”。喝龙井茶，刚开始可能觉得味道淡淡的，但是，喝完后，嘴里就好像有一种很温和的气息，在齿颊之间回荡。

西湖龙井的色、香、味、形

西湖龙井的独特之处主要在于四个方面，即色、香、味、形。

色：茶叶冲泡在水中，会溶解出各种色素，形成我们所看到的汤色。好的西湖龙井汤色应该是清澈明亮的，汤色深黄色的就是稍微次一点的。

香：西湖龙井冲泡后会飘出一股清香，常见的是嫩栗香或者豆花香。好的茶叶香气应该鲜纯嫩香，而且持续时间很长。

味：好的西湖龙井喝起来清爽甘甜。味道和香气是相互关联的，香气好的茶叶味道也会更好一点，反之亦然。

形：形的优劣，主要是根据芽与嫩叶的外形比例以及鲜叶的老嫩度来衡量的。西湖龙井要求芽叶细嫩，均匀整齐，像小朵花似的，同时还要求嫩绿明亮。如果芽叶又粗又老，颜色又暗又单薄，那就不是好的西湖龙井了。

西湖龙井的成分与功能效用

西湖龙井是一种非常有营养的茶，含有丰富的茶多酚、茶氨酸、维生素和矿物质等成分。这些物质可以让人的身体更健康，同时也可以帮助人们生津止渴、提神醒脑，还可以促进消化、消炎解毒。经常喝西湖龙井，可以补充人们身体所需的多种维生素，提高免疫力和抵抗力。除此之外，西湖龙井中所含的这些物质对人体健康有很多益处。

西湖龙井适合大部分人饮用，但不适合发热、肾功能不好、便秘、消化道溃疡的人群。

西湖龙井的冲泡与储藏

龙井茶，虎跑水

中国人自古以来就非常喜欢喝茶，喝西湖龙井是很多人日常生活中不可或缺的一部分。这里有很多有趣的茶习俗。比如，逢年过节的时候，家家户户都会泡上一壶好茶，用来招待客人；结婚的时候，新人也要一起喝茶，寓意生活甜美和幸福；农忙的时候，人们也会在田间地头喝上一杯茶，缓解疲劳，提神醒脑。

想要泡出一壶好喝的西湖龙井，水的选择很重要。人们常说，“龙井茶，虎跑水”，从虎跑山上流下来的清泉，甘甜清冽，用它来冲泡西湖龙井，能让西湖龙井真正释放出纯正的香气和滋味。因此，人们把龙井茶与虎跑水称为“西湖双绝”。

冲泡西湖龙井

冲泡西湖龙井时，人们一般会选用透明的玻璃杯或精致的瓷器茶杯。

水温控制在85℃左右，这个温度既不会烫坏茶叶，又正好可以让茶叶释放出最佳的香味。

茶叶与水的比例大概是1 ： 50，这样才能浸泡出最好的口感。

冲泡时，先往杯中倒入三分之一的水，让茶叶充分浸润。当杯中的茶叶散发出阵阵清香时，再将水倒至七八分满。

当热水缓缓注入杯中，茶叶便像舞蹈家一样在水中舒展、旋转，展现出它们优美的身姿。

泡好的龙井茶，茶汤清亮，茶香氤氲，再轻啜一口，颊齿留香。

一杯好的西湖龙井，至少可以冲泡三次。每一次冲泡，都会有不同的香味和口感。第一次冲泡时，茶叶的香气最浓郁；第二次冲泡，口感更加醇厚；到了第三次，虽然香味有所减弱，但依然能够感受到它的甘甜和清香。

西湖龙井的储存

西湖龙井，不仅冲泡技巧重要，它的储存方法也很重要。西湖龙井非常怕潮湿，如果储存不妥，茶叶受潮了，就会失去原有的滋味和香气。

西湖茶农传统的方法是将茶叶储存在石灰缸中。茶农们会先用布袋或者纸包把茶叶包起来，帮助茶叶隔绝外界的湿气。然后找一个干净的缸，在缸的底部铺上一层石灰。这些石灰会吸收缸里的湿气，让龙井茶保持干燥。接着就把包好的茶叶轻轻放进缸里，再盖上盖子，把缸口封严实。这样放上半个月到一个月，龙井茶的香气会变得更加清香馥郁，喝起来也会鲜醇爽口。

除了用石灰缸储存西湖龙井，人们还会选择冷藏箱或者冷库来储存龙井茶。

此外，西湖龙井非常怕异味，所以，在储存时要避免把它放在有异味的地方，比如厨房、卫生间等。

西湖龙井的匠心独运

西湖边的茶农们勤劳且充满智慧，他们祖祖辈辈在这里种茶、炒茶，慢慢总结出了很多好方法。他们知道怎么选育茶树苗，怎么让它茁壮成长，怎么采摘炒制。最特别的是，他们还摸索出了一套独特的西湖龙井炒制方法，叫作“十大手法”。

从采摘茶叶，到炒制成品，这中间有一系列精细的方法。接下来，我们就来详细了解这些独特的方法。

西湖龙井的精致采摘

采茶的时候，茶农们会带上一些特别的工具：不同大小的茶篮茶篓。采摘小小的明前鲜叶时，他们会选择小茶篮；等到谷雨前后采茶时，他们就会用中号的茶篮。大号茶篮主要是用来把采好的茶叶放在一起，然后拿回家炒制。采茶时，他们还会戴上采茶帽，这个帽子可以遮挡阳光，还能让人更清楚地看到茶芽，帮助他们更好地采摘。有时茶农们还会带上雨具，因为茶季多春雨。

西湖龙井非常“娇气”，采摘时，要求早、嫩、勤。

西湖龙井，茶农们主要采摘春茶。在清明节之前，茶树刚刚冒出嫩芽，茶农们就开始采摘。这时候做出来的茶，叫作“明前茶”。如果在谷雨前采摘，就成了“雨前茶”。采摘时，茶农们会特别小心，像挑选最美丽的花朵一样，采摘那些完整的一芽一叶或一芽二叶。

俗话说：“茶叶是个时辰草，早采是个宝，迟采变成草。”茶农们采茶时，需要和时间赛跑，要赶在最好的时候把茶叶摘下来。乾隆皇帝曾写道：“火前嫩，火后老，唯有骑火品最好。”也就是说，采茶要选对时间，早了茶叶太嫩，晚了茶叶就老了，只有在最好的时候采下来的茶叶，味道才是最好的。所以茶农们会在春天回暖时，早早地去茶园采茶。

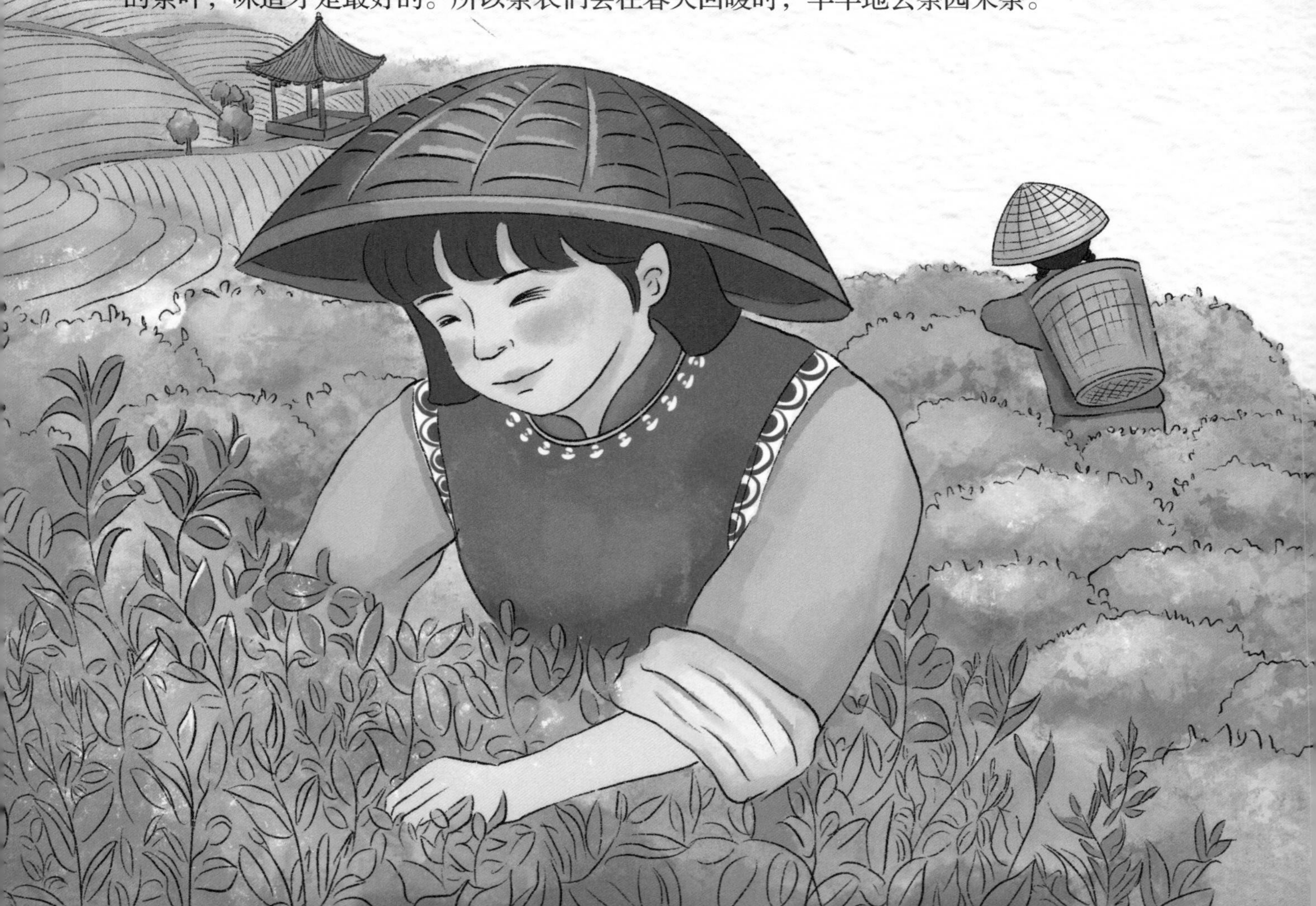

西湖龙井的味道那么鲜美，主要是因为它的鲜叶嫩匀率非常高。什么是鲜叶嫩匀率呢？简单来说，就是茶叶嫩芽的均匀和鲜嫩程度。

为了保证西湖龙井的品质，茶农们有一套严格的采摘制度。他们会根据茶叶的生长情况，分批、多次、留叶采。这样既能保证茶叶鲜嫩，又能让茶树持续生长，产出更多的好茶。

遵循“三要”和“五不要”原则

“三要”就是要在晴天采、要按照标准采、要用提手的方式采；“五不要”就是不要带柄蒂、不要带鳞片、不要带鱼叶、不要带碎片、不要带雨水叶。

鳞片，长在茶树新梢的基部，叶片小，摸起来硬硬的。鱼叶，长在鳞片的上部，叶片比它大，摸起来软软的。这两种叶子不能采下来做茶叶，因为它们会给茶叶带来苦涩味。

采摘下来的茶叶还要按照不同的级别进行分类。特级茶、一级茶、二级茶……每一级的茶叶都有严格的采摘标准。比如特级茶，就是一芽一叶初展，芽叶长度不超过2.5厘米。制作1千克特级龙井，茶农们需要采摘近6万～7万个细嫩芽叶。

说起采茶的手法，采摘西湖龙井可是一门技术活。尤其在西湖龙井茶区，茶农们都是高手。采摘时，人们会像捉小鱼一样，用拇指和食指夹住茶叶的嫩茎，然后向上一提，茶叶就像魔法般轻轻地落入手心，这就是茶叶的“提手采”法。

西湖龙井的巧夺天工

炒茶可不是简单的事，它需要很多特别的工具来帮忙。

茶匾或篾

它们就像是几个大大的盘子，用来摊放新鲜的叶子。这样，鲜叶就可以蒸发掉一部分水分，变得更加柔软。

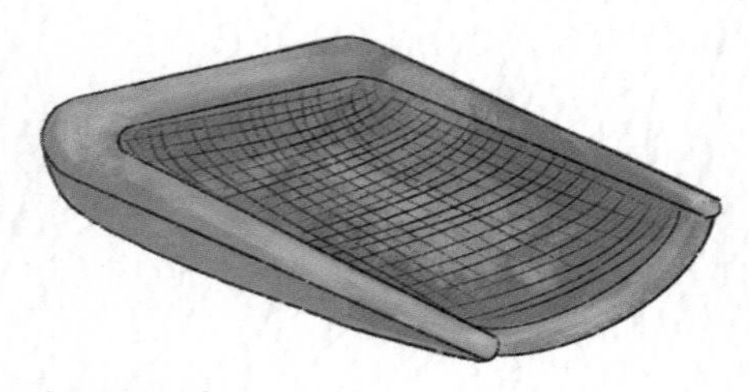

茶簸箕

茶簸箕有大有小，主要是在茶叶下锅和起锅时用来装茶叶的。

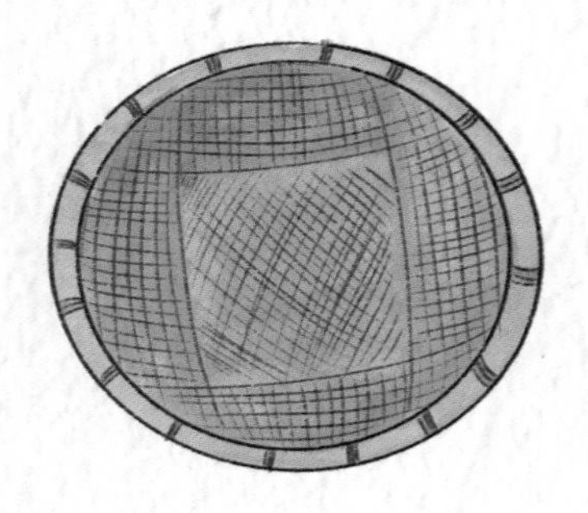

勃篮

勃篮可以装很多茶叶。当茶叶需要稍微回潮，或者炒好后需要存放时，勃篮就派上大用场了。

筛子

筛子主要分为三种，分别是细筛、中筛和末筛。细筛用来筛出最好的茶叶，中筛比较常用，而末筛则用来提取茶末。

电锅

电锅是炒茶的关键工具，它有两个开关，一个是 1000 瓦功率，另一个是 2000 瓦功率。茶农们可以根据需要选择合适的开关来炒茶。

油抹布

涂锅的时候，茶农们使用油抹布均匀地把白油涂在电锅里。

西湖龙井的炒茶技艺

一个春光明媚的清晨，茶农们去茶园采来嫩绿的鲜叶，准备开启一段奇妙的炒茶之旅。从鲜叶摊放到最后的成品茶，每一步都凝聚着他们的智慧与匠心。

炒茶，是西湖龙井制作过程中最关键的一环。在长期的实践中，炒茶师傅们总结出了一系列科学的炒制步骤和方法。整个过程需要经过摊放、青锅、回潮、辉锅、筛分等多个步骤，每一个步骤都不可或缺。正是这些繁琐而精细的步骤，才使得西湖龙井保持了它独特的色、香、味、形。

摊放

采摘回来的鲜叶，首先要进行摊放。茶农们将鲜叶薄薄地摊在竹匾上，就像铺了一层柔软的被子。摊放的时间通常需要 4 至 12 个小时。在这个过程中，鲜叶中的水分会逐渐蒸发，青草气也慢慢消散。同时，鲜叶中的内含物质也会发生有益的变化，为后续的炒制奠定良好的基础。

青锅

青锅是炒茶过程中的一个重要环节。它主要利用高温来抑制茶叶中酶的活性，从而保持茶叶绿色的特征，并且使原来 70% 的含水量下降到 30% 左右。茶农们把锅烧热，然后用手快速翻炒茶叶。锅里的温度很高，但茶农们的手却像有魔法一样，能够掌控得恰到好处。他们熟练地用手翻炒着茶叶，让茶叶在锅中均匀受热。随着翻炒的进行，茶叶的颜色变得鲜绿鲜绿的，形状也开始变得扁平。

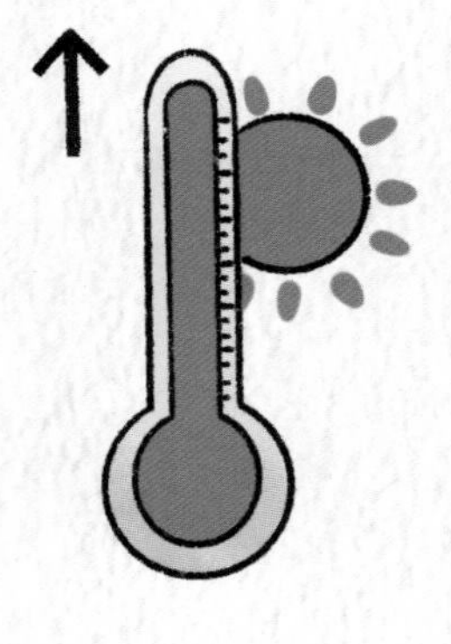

爆点、焦边

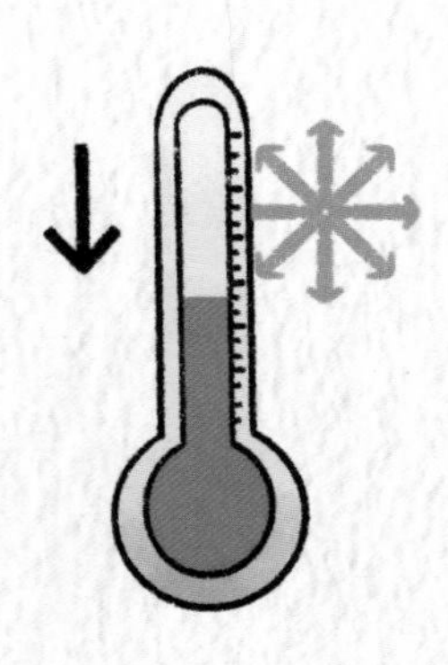

红梗、红叶

在此期间，茶叶中的青草气进一步挥发，取而代之的是淡淡的茶香。

在青锅过程中，锅温非常重要。如果火力太高，茶叶容易产生爆点、焦边，导致茶叶带有焦味；而火力不够，则会使茶叶不能舒展开，产生红梗、红叶，影响茶叶的品质。炒茶师傅们凭借多年的经验，通过观察茶叶的颜色、气味和手感，不断调整锅温，确保茶叶得到恰到好处的处理。

回潮

师傅们把青锅炒制好的茶叶放在竹匾上，让它们自然冷却。随着茶叶的温度逐渐降低，茶梗里的水分通过叶脉重新分布到叶片上，使叶片变得松软，有利于接下来的炒制。

辉锅

辉锅，是炒茶的最后一道工序。这时的锅温比青锅时要低一些。师傅们通过变换不同的手法，如搭、抹、推等，让茶叶在锅中翻滚跳跃，使茶叶进一步定型，达到扁平光滑的要求。同时，茶叶的内质得到了进一步提升，香气更加浓郁，口感更加醇厚。在此过程中，茶叶的含水量会逐渐降低到6%～7%左右。

辉锅时的锅温虽然比青锅时低，但同样需要师傅们精心掌控。在炒制过程中，锅温逐渐升高，师傅们需要根据茶叶的状态及时调整火力，确保茶叶不会因温度过高而产生焦味。同时，他们还要通过变换手法，使茶叶在锅中均匀受热，达到最佳的炒制效果。

筛分与剔除

最后，师傅们会使用特制的筛子进行筛分，将茶叶按照大小分级，同时剔除其中的黄片、茶末和茶梗。这样，每一片茶叶都能保持完美的形态和品质。

成品茶

经过一系列繁琐而精细的炒茶步骤，我们终于得到了成品——西湖龙井。它们色泽鲜绿、香气浓郁、口感醇厚、形状美观，每一片茶叶都凝聚着师傅们的辛勤与智慧。

保存

炒制好的西湖龙井还有一个特别的步骤——后熟技术。茶农们会把茶叶放进石灰缸里，这个缸像个大房子，茶叶在里面安静地等待。石灰是房子的守护者，它能帮茶叶变得更好喝、更香浓。茶叶在缸里待上一段时间，就像睡了一个长长的觉，醒来后就变得色香味俱全啦！

炒制西湖龙井的“十大手法”

你知道吗？西湖龙井那么香醇可口，背后可是藏着炒茶师傅们的十大独门手法哦！让我们一起来了解一下炒制西湖龙井的“十大手法”吧！

第一招——抓。炒茶师傅们轻快地抓起锅中的茶叶，用手掌将茶叶托住并轻轻地抖动，让茶叶在锅中翻滚。这样，茶叶能够均匀受热，同时也能够散发出淡淡的香气。

第二招——抖。炒茶师傅们用双手将茶叶捧起，然后又迅速抖开。茶叶在锅中跳跃着，像跳舞似的。这一招可以让茶叶更好地受热，释放香气，同时也能够去除茶叶中多余的水分，让它更加干燥。

第三招——搭。炒茶师傅们用手掌将茶叶从锅底托起，然后轻轻地按压，使茶叶与锅底紧密贴合。这样，茶叶能够更好地吸收锅底的热量，加快炒制的速度。

第四招——拓。炒茶师傅们用手掌贴着茶叶，从锅底沿锅壁向上推起，然后再将茶叶拓平。这样，茶叶能够变得更加扁平，更容易炒制。

第五招——捺。炒茶师傅们用手掌用力按压茶叶，使茶叶更加扁平。同时，他们还会用手指在茶叶上轻轻按压，使茶叶更加光滑。

第六招——推。炒茶师傅们用手掌将茶叶推向锅的边缘，然后再用手掌将茶叶压实。这样，茶叶能够更好地保持形状，不容易散开。

第七招——扣。炒茶师傅们用手指轻轻扣住茶叶，使茶叶更加紧密。同时，他们还会用双手在茶叶上来回揉搓，使茶叶更加柔软。

第八招——甩。炒茶师傅们用手掌将茶叶捧起，然后迅速甩动。茶叶在空中划出一道道优美的弧线，再落入锅中。这一招可以让茶叶更加均匀受热，同时也能够去除茶叶中的多余水分。

第九招——磨。炒茶师傅们用双手在茶叶上来回摩擦，像是在打磨一块玉石。这样，茶叶能够变得更加光滑，口感更加细腻。

第十招——压。炒茶师傅们用双手重重地压在茶叶上，使茶叶更加紧实。这样，炒制出来的西湖龙井就能够更好地保存，不易散开。

这十种手法主要是在青锅和辉锅的过程中进行的，它们并不是按照顺序或单独进行，而是在炒制过程中，炒茶师傅们根据茶叶的嫩度和锅温的变化，灵活调整、穿插运用的。师傅们用心去感受茶叶的变化，用双手去掌控节奏，并与火力密切配合，做到“茶不离锅，手不离茶”。只有这样，才能炒制出香气扑鼻、口感醇厚的西湖龙井茶。

一般含水量 75% 的鲜叶，经过一道道工序之后，最终炒制成含水分 6%~7% 左右的干茶，500 克特级西湖龙井一般需炒制 6 ～ 7 小时。

手工茶与机械茶

西湖龙井的炒制主要有手工炒制和机械炒制两种方法，我们就具体看看这两种方法加工出来的西湖龙井茶的不同之处吧！

从外形上来说，手工茶形状扁平光滑，像一个碗钉。它的芽叶很饱满厚重，颜色嫩绿嫩绿的。而机械茶，虽然也是扁扁的，但比手工茶要宽一点，薄一点，芽叶分叉，有点轻飘的感觉。

再来说说香气吧！手工茶的香气饱满馥郁，冲泡后浓郁持久。可是，机械茶就没那么香了，冲泡后香味持续时间短，有时会有青草味。

说到汤色，手工茶的汤色稍微深一点，这是因为比机械茶泡出来的物质更多。

口感也是区别两种茶的重要因素。手工茶喝起来鲜醇爽口，有回甘，每一泡的口感都不同，层次感明显。机械茶虽然也鲜，但味道淡薄，喝完之后嘴里留香的时间不长，有时还有青涩味。

最后，我们来看看泡完之后的叶底吧！一般来说，机械茶要比手工茶的完整度更高一点。

另外，冲泡手工茶时，茶叶很快就能沉到水底去。而机械茶，泡完了还浮在水面上，迟迟不肯下沉。

寻踪西湖龙井

西湖龙井的美食

你知道吗？西湖龙井除了可以泡着喝，还有很多其他吃法呢！

西湖龙井可以用来做龙井虾仁。当鲜嫩的虾仁遇上清香的西湖龙井茶，味道既鲜美又独特，每一口都让人仿佛在品尝春天的味道。

还有龙井茶糕，它是用西湖龙井茶粉和糯米做成的。每一块茶糕都散发着淡淡的茶香，吃一口下去，甜而不腻，清香满口。

另外，西湖龙井也是龙井茶香鸡的原料之一。选用肥嫩的鸡肉，用龙井茶和特制的调料腌制，再入锅慢炖。炖好的鸡肉，皮酥肉嫩，咬一口，茶香四溢。

除了这些，还有龙井茶冻、龙井茶香豆腐、龙井茶熏鱼等。每一种美食，都巧妙地融入了西湖龙井茶的清香，让人们在品尝美食的同时，还能感受到西湖龙井茶的魅力。

西湖龙井研学路线

走进西湖龙井茶园，仿佛踏入了一幅充满魅力的画卷。这里有山有水，有茶有诗，更有千年传承的茶文化。穿梭于茶香四溢的村落、古朴典雅的茶馆和充满智慧的茶叶博物馆，用心灵去倾听那些隐藏在茶叶背后的故事，用味蕾去品味那些流传千年的茶香宋韵。准备好了吗？让我们一起踏上这场西湖龙井研学路线的奇妙之旅吧！

自在西湖 · 草木行茶之旅

这条线路是一场茶文化的深度体验之旅。

外桐坞

首先，我们来到外桐坞村。漫步此处，你可以感受到悠久的历史与浓厚的艺术氛围。村里的艺术家工作室更是让人眼前一亮，仿佛走进了一个艺术的殿堂。

接着，我们前往桐坞村，拜访西湖龙井制作技艺代表性传承人樊生华。在他的工作室里，你将亲眼看到他如何炒制出那香醇可口的西湖龙井，这可是一种难得的体验。

然后，我们来到九曲红梅非遗工坊。你可以在这里亲手体验制茶的乐趣，还可以欣赏到茶艺表演，感受龙井茶文化的魅力。

随后，我们骑行在何家村的茶园赛道上，欣赏美丽的茶园风光。这里的赛道被誉为“杭州最美赛道”，骑行其中，仿佛置身于一幅美丽的画卷之中。

桂花龍井

最后，我们到达桂花龙井非遗工坊，品尝那香醇的桂花龙井茶，感受茶与桂花的完美结合。

西湖龙井非遗茶香之旅

这条线路是一场关于西湖龙井茶文化的探索之旅。

我们先来参观中国茶叶博物馆的双峰馆区，这里是中国唯一一家以茶和茶文化为主题的国家一级博物馆。在这里，你可以了解到丰富的茶文化知识，还可以体验到传统茶馆的魅力。

接着，我们沿着龙井八景古道前行，欣赏沿途的美景。古道两旁绿树成荫，景色宜人，让人流连忘返。

我们来到龙井村，这里有着丰富的茶文化景点，如御茶园、胡公庙等。在这里，你可以感受到龙井茶文化的深厚底蕴，还可以品尝到正宗的西湖龙井。

最后，我们来到中国茶叶博物馆的龙井馆区，参观世界茶文化展和“中国传统制茶技艺及其相关习俗”人类非遗专题展，更加深入地了解茶文化的魅力。

品茗访茶香、茶馆之旅

这条线路是一场品味特色茶馆的旅程。

我们首先来到湖畔居茶楼，这里是杭州的老牌茶馆，面临西湖。在这里，你可以在美丽的湖光山色中，品尝各种名茶，欣赏茶艺表演。

然后，我们前往青藤茶馆，这里的环境同样优美，而且茶品丰富多样。在这里，你可以找到自己喜欢的茶品，享受一段宁静的时光。

我们再来到青竺茶馆，这也是很多人喜爱的品牌，氛围轻松时尚。在这里，大家一起品茶聊天，享受惬意的时光。

最后，我们来到虎跑公园和满觉陇茶舍，品尝虎跑水泡制的龙井茶，感受茶与水的完美结合。

问茶寻香西湖龙井老字号

特色文旅线路

这五条线路以探寻西湖龙井老字号为主题。

“狮”字号线路带你领略狮峰山下的龙井茶韵，穿越上天竺，感受琅珰岭的秀美，最终抵达龙井村，品味狮峰茶的独特韵味。

“龙”字号线路则以中国茶叶博物馆为核心，通过双峰馆和龙井馆的游览，深入了解龙井八景和龙井茶的历史文化。

“云”字号线路穿越五云山，感受云栖竹径的静谧，最后抵达中国农业科学院茶叶研究所，探索茶叶科研的奥秘。

“虎”字号线路则带你探访烟霞洞、水乐洞等自然景观，再领略虎跑泉水的清新甘冽，感受虎跑水与西湖龙井合并的“西湖双绝”。

“梅”字号线路则以梅家坞村为终点，通过一系列景点的游览，体验梅坞春早的清新，感受清风岭上的茶香。

结　语

春日清晨，阳光洒在杭州西湖周边碧绿的茶山上，采茶人忙碌地穿梭在茶树之间，他们的手指在茶芽间灵活跳跃，就像弹奏着一曲优美的乐章。每一片龙井茶，都是大自然的馈赠，蕴藏着生命的活力。

西湖龙井不仅茶香四溢，还积淀着浓厚的宋韵文化。它是历史与现代的交融，是传统与创新的碰撞。

茶香宋韵，是西湖龙井独特的文化内涵。每一杯西湖龙井，都仿佛在诉说着古老的故事，传递着浓浓的文化底蕴。当我们品尝这杯茶时，仿佛能够穿越时空，回到那个繁华的宋朝，感受那份优雅与从容。

西湖龙井的制作技艺，是中华民族的宝贵遗产，它承载着世代茶农的智慧和汗水。采摘、摊放、青锅、回潮、辉锅，制作西湖龙井的每一个步骤，都需要炒茶师傅们高超的技艺和无尽的耐心。他们将茶叶在铁锅中炒制得恰到好处，让茶叶在火与热的交织中释放出独特的香气。然而，随着时代的变迁，这些技艺也面临着多种危机。因此，保护和传承西湖龙井制作技艺显得尤为重要。

因此，让我们一起行动起来，弘扬西湖龙井茶的历史文化，保护和传承西湖龙井制作技艺，让它的深厚底蕴和高超技能永远流传下去。

图书在版编目（CIP）数据

非遗里的中国茶 ： 西湖龙井茶语 / 中国茶叶博物馆编著. -- 杭州 ： 浙江教育出版社, 2024. 11. -- ISBN 978-7-5722-8828-9

Ⅰ. TS971.21-49

中国国家版本馆 CIP 数据核字第 20246RH052 号

策划编辑 徐梁昱　魏　嘉　　**项目统筹** 朱　阳　张雨梦
责任编辑 鲁　庚　　**美术编辑** 曾国兴
责任校对 寿临东　　**责任印务** 曹雨辰
插画绘制 臧明月　　**装帧设计** 王娇龙

非遗里的中国茶　西湖龙井茶语
FEIYI LI DE ZHONGGUOCHA　XIHU LONGJING CHAYU
中国茶叶博物馆　编著

出版发行 浙江教育出版社
（杭州市环城北路177号　电话：0571-88900113）
激光照排 杭州兴邦电子印务有限公司
印　　刷 浙江海虹彩色印务有限公司
开　　本 889mm × 1194mm　1/16
印　　张 3.75
字　　数 75 000
版　　次 2024年11月第1版
印　　次 2024年11月第1次印刷
标准书号 ISBN 978-7-5722-8828-9
定　　价 78.00元